런런 옥스퍼드 수학

KB130634

5권

색과 규칙

안녕!
나는 패트야.

차례

 선 잇기

 동그라미 하기

 색칠하기

 그리기

 놀이하기

 스티커 붙이기

난 어니야!

색이름 알기

 노란색 ✏️으로 칠하세요.

노란색으로 칠한 다음, 완성된 그림이 무엇인지 이름을 말해 봐.

 빨간색✏️으로 칠하세요.

난 빨간색을 좋아해!

잘했어!

칭찬 스티커를 붙이세요.

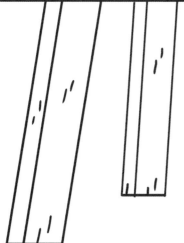

문제를 다 푼 다음, 32쪽으로!

같은 색 찾기

 초록색 🖍 사과를 모두 찾아 ◯표 하세요.

바구니 안에 여러 가지 색의 과일이 있어. 넌 어떤 과일을 좋아해?

파란색 🖊 티셔츠에 ○표 하세요.

난 파란색 티셔츠가 제일 맘에 들어.

 색 찾기 놀이

집에 있는 물건 중에서 빨간색 물건을 찾아보세요.
또 노란색 물건도 찾아보세요. 어떤 물건을 찾았나요?

밖에 나가 나뭇잎을 찾아서 무슨 색깔인지 말해 보세요.
또 가지고 있는 색연필 중에서 나뭇잎과 같은 색을 찾아보세요.

가장 좋아하는 티셔츠나 모자의 색을 말해 보세요.
스케치북에 티셔츠나 모자를 그려서 같은 색으로 칠해 보세요.

잘했어!

칭찬 스티커를 붙이세요.

우리 주변에는 다양한 색의 물건이 있어.

문제를 다 푼 다음, 32쪽으로!

여러 가지 색 알기

 여러 가지 색을 칠해서 패트를 멋지게 꾸며 주세요.

- 빨간색
- 파란색
- 노란색
- 주황색

난 빨간 모자와
파란 바지를 갖고 싶어.
색칠해 줄 수 있지?

연줄과 같은 색으로 연을 색칠하세요.

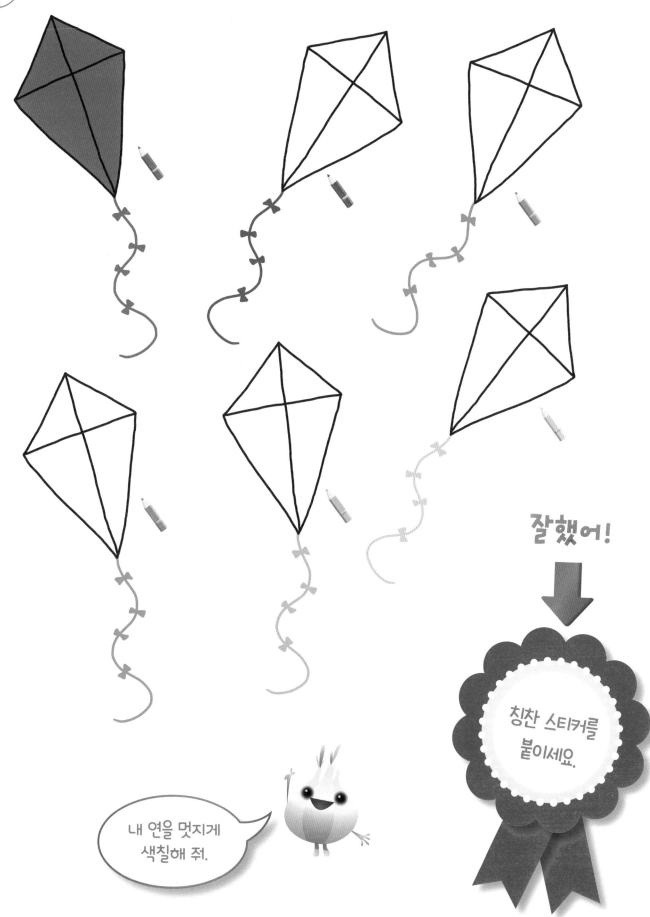

잘했어!

칭찬 스티커를
붙이세요.

내 연을 멋지게
색칠해 줘.

문제를 다 푼 다음, 32쪽으로!

같은 색으로 색칠하기

 아이들이 입은 티셔츠와 같은 색으로 풍선을 칠하세요.

분홍

검정

빨강

초록

노랑

보라

주황

배와 같은 색으로 돛을 칠하세요.

넌 어떤 색
배를 타고 싶니?

색칠한 배를
하나씩 가리키며
색이름을 말해 볼까?

잘했어!

 같은 색끼리 모으기 놀이

좋아하는 장난감을 찾아 색이름을 말해 본 다음, 같은 색의
색연필을 찾아 장난감과 짝을 지으세요.

같은 색의 양말끼리 바구니에 모아 보세요.

집 안에 있는 물건 중에서 같은 색끼리 모아서 정리하면 좋은 것이 있는지
찾아보세요.

칭찬 스티커를
붙이세요.

문제를 다 푼 다음, 32쪽으로!

알맞은 색 고르기

 두 가지 색 중 아래 그림에 더 어울리는 색을 골라 색칠하세요.

레몬과 태양은 무슨 색일까?
보라색? 노란색?

세 가지 색 중 아래 그림에 더 어울리는
색을 각각 골라 색칠하세요.

어니와 배는 각각
어떤 색일까?
빨간색, 초록색, 아니면
노란색?

잘했어!

칭찬 스티커를
붙이세요.

문제를 다 푼 다음, 32쪽으로!

사물의 색 기억하기

당근과 토마토를 알맞은 색으로 칠하세요.

당근과 토마토는
무슨 색일까?

딸기와 바나나, 오렌지와 체리를 알맞은 색으로 칠하세요.

딸기와 바나나는
무슨 색인지 말해 볼래?
오렌지와 체리는
무슨 색일까?

칭찬 스티커를
붙이세요.

문제를 다 푼 다음, 32쪽으로!

연못과 풀밭을 알맞은 색으로 칠하세요.

난 오리에게
먹이 주는 걸 좋아해.

자유롭게 색칠하기

 자유롭게 색칠해서 그림을 완성하세요.

난 알록달록 멋지게 색칠하고 싶어.

몇 가지 색으로 칠했는지 세어 볼래?

 색이름 말하기 놀이

색연필을 바닥에 늘어놓은 다음, 색이름을 정확하게 알고 있는 색연필을 모두 골라 보세요. 모아 놓은 색연필을 하나씩 가리키며 색이름도 큰 소리로 말해 보세요.

옷, 학용품, 장난감 등 내 물건을 모아 놓고, 각각 어떤 색인지 색이름을 말해 보세요.

칭찬 스티커를 붙이세요.

문제를 다 푼 다음, 32쪽으로!

색 규칙 완성하기

 노란색 🖍️과 파란색 🖍️을 차례대로 칠해서 로켓을 완성하세요.

> 노랑, 파랑, 노랑, 파랑. 멋진 로켓을 타고 달까지 가 볼까?

라 검정 주황 분홍 갈색

 색의 차례를 잘 보고, 빈 곳을 알맞은 색으로 칠하세요.

 색의 차례를 잘 보고, 빈 곳에 알맞은 색의 기차 칸을 아래에서 찾아 ◯표 하세요.

보라, 주황, 보라, 주황. 색깔 기차가 칙칙폭폭 뿌우!

칭찬 스티커를 붙이세요.

17

문제를 다 푼 다음, 32쪽으로!

두 가지 색으로 규칙 만들기

난 오두막을 파랑, 분홍, 파랑, 분홍 차례로 색칠했어. 넌 어떤 색으로 칠하고 싶니?

 두 가지 색을 고른 다음, 오두막을 한 줄씩 차례로 색칠하세요.

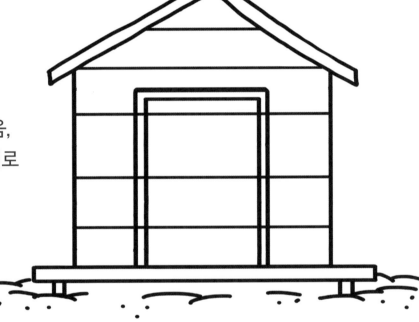

 새로운 두 가지 색을 고른 다음, 잠옷을 한 줄씩 차례로 색칠하세요.

빨간 차와 검은 차가 차례대로 놓여 있어. 너도 이렇게 차례대로 놓아 봐.

 초록 차와 주황 차가 차례대로 놓이도록 자동차를 색칠하세요.

 색 규칙 놀이

가장 좋아하는 두 가지 색의 크레용을 골라요. 그런 다음 규칙을 만들어 줄무늬 목도리를 한 줄씩 차례로 색칠해 보세요.

두 가지 색의 나뭇잎을 모아 보세요. 그리고 규칙을 만들어 두 가지 색의 나뭇잎을 차례차례 놓아 보세요.

두 가지 색의 젤리를 준비한 다음, 규칙을 만들어 접시 위에 차례차례 놓아 보세요. 예를 들면 '노랑 젤리-초록 젤리-노랑 젤리-초록 젤리'처럼요.

칭찬 스티커를 붙이세요.

문제를 다 푼 다음, 32쪽으로!

다양한 색 규칙 완성하기

 구슬의 색 차례를 잘 보고, 빈 곳에 알맞은 색의 구슬을 찾아 선으로 이으세요.

파랑, 초록, 초록.
다음에는 어떤 색이 올까?

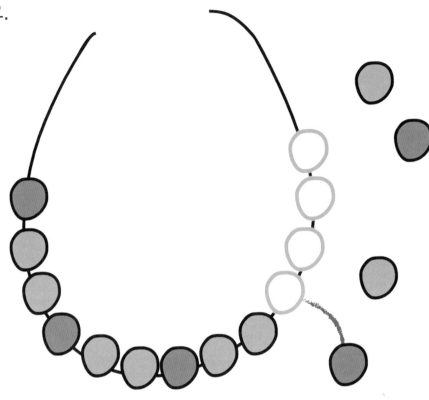

 구슬의 색 차례를 잘 보고, 빈 곳에 알맞은 색의 구슬을 찾아 선으로 이으세요.

이 목걸이도
완성해 줘!

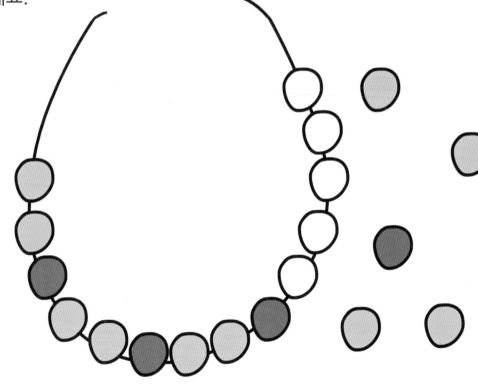

깃발의 색 차례를 잘 보고,
빈 곳을 알맞은 색으로 칠하세요.

오, 즐거운 파티 시간!

깃발의 색 차례를 잘 보고, 빈 곳을 알맞은 색으로 칠하세요.

이 깃발도 완성해 줘!

칭찬 스티커를
붙이세요.

문제를 다 푼 다음, 32쪽으로!

노랑   빨강   초록   파랑

양초의 색을 차례대로
말해 봐. 분홍, 노랑, 노랑, 노랑,
분홍, 노랑, 노랑, 노랑.

 두 가지 색을 골라 규칙에 맞게 차례차례 빈 양초를 색칠하세요.

위에 있는 양초처럼
색 규칙을 만들어서
예쁘게 칠해 봐.

 케이크도 색칠해서 예쁘게 꾸미세요.

빨간색 🖍과 파란색 🖍 컵케이크가 차례대로 있도록 컵케이크를 색칠하세요.

난 빨간색과 파란색
컵케이크를 좋아해!

 두 가지 색을 골라 규칙에 맞게 차례차례 꽃을 색칠하세요.

 색 규칙 놀이

두 가지 색의 젤리나 사탕 등을 준비하세요. 색 규칙을 만들어 차례대로
놓아 보세요. 그리고 색이름을 차례대로 말하면서 어떤 규칙으로
놓았는지 살펴보세요.

여러 가지 색의 점토를 준비하세요. 색점토를 동글동글 공 모양으로
만든 다음, 색 규칙을 만들어 색점토를 줄지어 놓아 보세요.

칭찬 스티커를
붙이세요.

문제를 다 푼 다음, 32쪽으로!

세 가지 색으로 규칙 만들기

 파란색, 갈색, 노란색 이 한 줄씩 차례로 있도록 빈 곳을 색칠하세요.

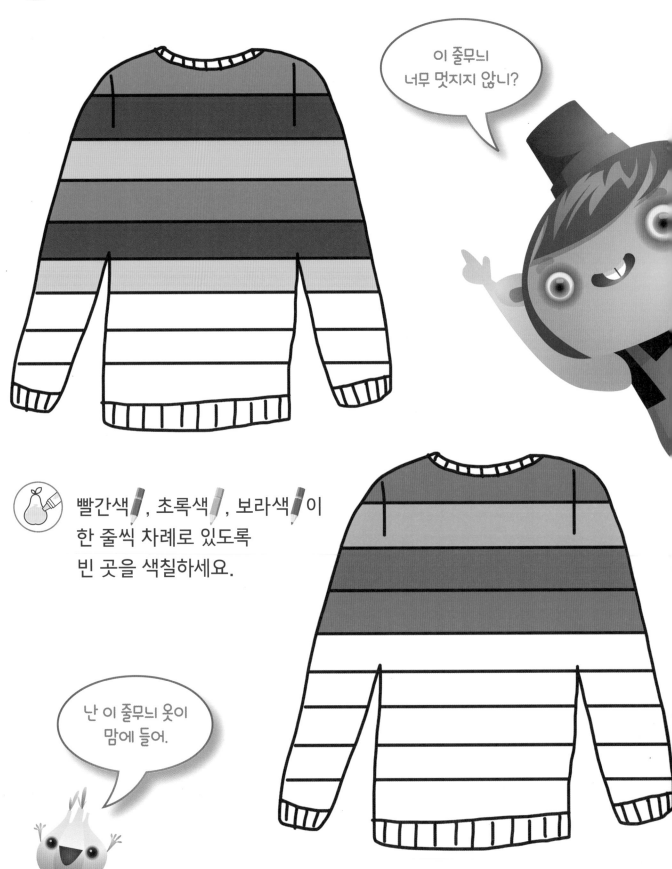

이 줄무늬 너무 멋지지 않니?

빨간색, 초록색, 보라색 이 한 줄씩 차례로 있도록 빈 곳을 색칠하세요.

난 이 줄무늬 옷이 맘에 들어.

색 차례를 잘 보고, 다음에 올 알맞은 색의 사과를 찾아
각각 선으로 이으세요.

빨강, 초록, 노랑,
빨강, 초록, 노랑.

 색 차례를 잘 보고, 흰색 축구공을 알맞은 색으로 칠하세요.

축구공의 색 차례를
말해 볼래?

칭찬 스티커를
붙이세요.

문제를 다 푼 다음, 32쪽으로!

빨강, 노랑, 주황이 차례대로 있도록 꽃을 색칠하세요.

- 빨간색
- 노란색
- 주황색

난 빨강, 노랑, 주황 꽃을 차례차례 심을 거야.

 새로운 세 가지 색을 골라 차례대로 꽃을 색칠하세요.

넌 어떤 색 꽃을 좋아하니?

세 가지 색을 골라 차례대로 컵을 색칠하세요.

 새로운 세 가지 색을 골라 차례대로 컵을 색칠하세요.

컵을 색칠하고,
색이름을 차례대로 말해 봐.

 색 규칙 놀이

스케치북에 줄무늬 양말을 그린 다음, 세 가지 색을 골라 규칙을 만들어
차례대로 색칠하세요.

크레용 스크래치 아트 놀이를 해요. 먼저 스케치북에 세 가지 색깔의
크레용으로 줄무늬를 그린 다음, 그 위에 검은색을 덧칠하세요.
끝이 뾰족한 막대기 등으로 검은색 면을 긁어 보세요. 세 가지 색의 줄무늬가
나타날 거예요.

칭찬 스티커를
붙이세요.

문제를 다 푼 다음, 32쪽으로!

모양 규칙 완성하기

과자 모양의 차례를 잘 보고,
빈 곳에 알맞은 모양의 과자
스티커를 붙이세요.

과자를 접시에 담아 보자.

트럭에 실린 돌 모양의 차례를 잘 보고, 빈 곳에 알맞은 모양을 이어서
그리세요.

돌 모양을 차례대로
말해 볼래? 동그라미, 세모,
동그라미, 세모.

빌딩 모양의 차례를 잘 보고, 빈 곳에 알맞은 모양의
빌딩 스티커를 붙이세요.

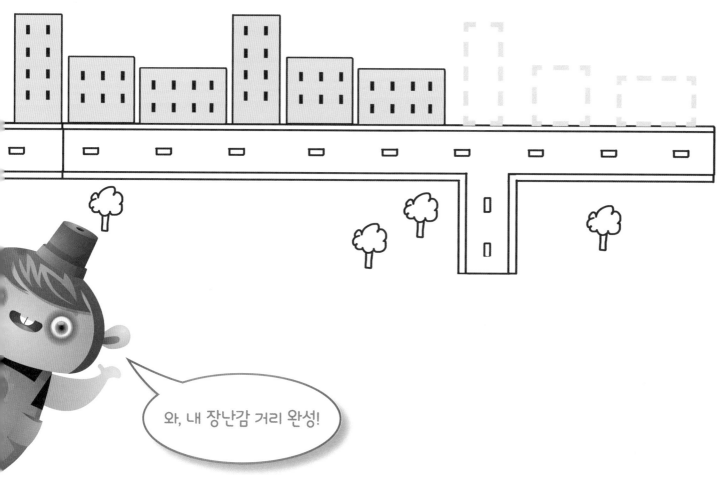

와, 내 장난감 거리 완성!

 모양이 차례대로 있도록 빈 줄에 알맞은 모양을 이어서 그리세요.

동그라미, 세모, 네모.
모양 구슬 목걸이를
완성해 줘.

칭찬 스티커를
붙이세요.

문제를 다 푼 다음, 32쪽으로!

동그란 케이크와 네모난 케이크가 차례대로 있도록 쟁반에 케이크 스티커를 붙이세요.

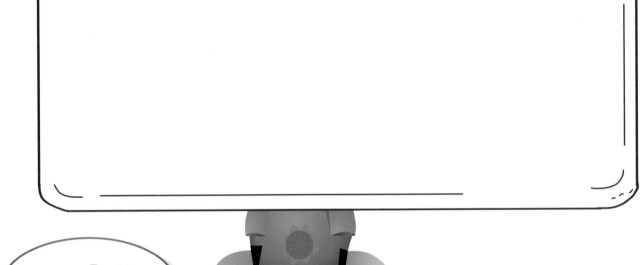

케이크를 모양 차례에 맞게 놓아 봐.

좋아, 좋아!

 색, 모양 규칙 놀이

벽지, 옷의 줄무늬, 포장지 등에서 규칙을 찾을 수 있어요.
색이나 모양이 어떤 차례로 있는지 살펴보세요.

친구에게 줄 카드를 만들어요. 여러 가지 색을 차례대로 칠하거나 동그라미,
세모, 네모 모양을 차례대로 그려서 멋진 카드를 완성해요.

칭찬 스티커를 붙이세요.

문제를 다 푼 다음, 32쪽으로!

색 규칙을 만들어 색칠하기

색 규칙을 만들어 피에로의 줄무늬 옷, 공, 꽃, 천막의 줄무늬를 색칠하세요.

멋진 서커스가 시작되나 봐.

칭찬 스티커를 붙이세요.

문제를 다 푼 다음, 32쪽으로!

나의 실력 점검표

 얼굴에 색칠하세요.

> :) 잘할 수 있어요.
> :| 할 수 있지만 연습이 더 필요해요.
> :(아직은 어려워요.

쪽	나의 실력은?	스스로 점검해요!
2~3	색 이름을 알고, 말할 수 있어요.	:) :| :(
4~5	여러 가지 색의 사물 중에서 같은 색을 찾을 수 있어요.	:) :| :(
6~7	여러 가지 색으로 칠할 수 있어요.	:) :| :(
8~9	같은 색을 찾아서 색칠할 수 있어요.	:) :| :(
10~11	알맞은 색을 찾아 색칠할 수 있어요.	:) :| :(
12~13	사물의 색을 기억하고, 그 색을 찾아 색칠할 수 있어요.	:) :| :(
14~15	알맞은 색을 찾아 색칠할 수 있어요.	:) :| :(
16~17	두 가지 색을 규칙에 맞게 색칠해서 그림을 완성할 수 있어요.	:) :| :(
18~19	두 가지 색으로 색 규칙을 만들 수 있어요.	:) :| :(
20~21	두 가지 색을 이용한 다양한 색 규칙을 찾을 수 있어요.	:) :| :(
22~23	두 가지 색으로 여러 가지 색 규칙을 만들어 색칠할 수 있어요.	:) :| :(
24~25	세 가지 색을 규칙에 맞게 색칠해서 그림을 완성할 수 있어요.	:) :| :(
26~27	세 가지 색으로 색 규칙을 만들 수 있어요.	:) :| :(
28~29	모양 규칙을 찾아 빈 곳에 알맞은 모양을 놓을 수 있어요.	:) :| :(
30	두 가지 모양으로 규칙을 만들 수 있어요.	:) :| :(
31	여러 가지 색 규칙을 만들어 색칠할 수 있어요.	:) :| :(

나와 함께 한 공부 어땠어?

정답

2~3쪽

4~5쪽

6~7쪽

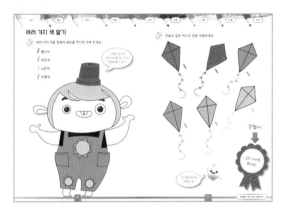

8~9쪽

10~11쪽

12~13쪽

14~15쪽

16~17쪽

18~19쪽

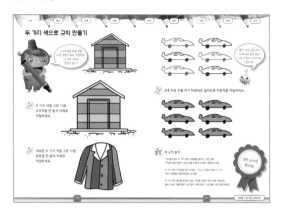

20~21쪽

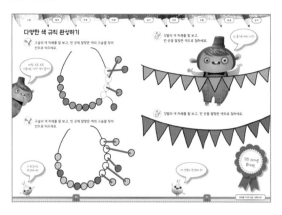

22~23쪽

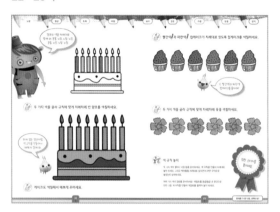

24~25쪽

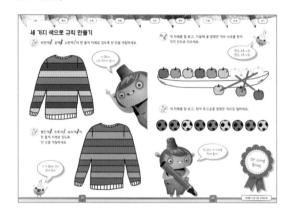

26~27쪽

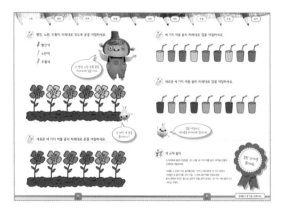

28~29쪽

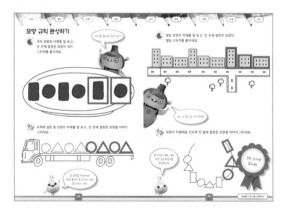

30~31쪽

* 규칙을 만들어 색칠하기 문제의 정답은
아이마다 다를 수 있습니다.

정리 노트

런런 옥스퍼드 수학

1-5 색과 규칙

초판 1쇄 발행 2022년 12월 6일

글·그림 옥스퍼드 대학교 출판부 **옮김** 상상오름

발행인 이재진 **편집장** 안경숙 **편집 관리** 윤정원 **편집 및 디자인** 상상오름

마케팅 정지운, 김미정, 신희용, 박현아, 박소현 **국제업무** 장민경, 오지나 **제작** 신홍섭

펴낸곳 (주)웅진씽크빅

주소 경기도 파주시 회동길 20 (우)10881

문의 031)956-7403(편집), 02)3670-1191, 031)956-7065, 7069(마케팅)

홈페이지 www.wjjunior.co.kr **블로그** wj_junior.blog.me **페이스북** facebook.com/wjbook

트위터 @wjbooks **인스타그램** @woongjin_junior

출판신고 1980년 3월 29일 제406-2007-00046호

원제 PROGRESS WITH OXFORD: MATH

한국어판 출판권 ⓒ(주)웅진씽크빅, 2022 **제조국** 대한민국

ISBN 978-89-01-26515-5
ISBN 978-89-01-26510-0 (세트)

잘못 만들어진 책은 바꾸어 드립니다.

주의 1. 책 모서리가 날카로워 다칠 수 있으니 사람을 향해 던지거나 떨어뜨리지 마십시오.

　　　2. 보관 시 직사광선이나 습기 찬 곳은 피해 주십시오.